U0389463

孩子超喜欢看的
趣味科学馆

BUILDING

建筑

张顺燕◎主编

吉林科学技术出版社

图书在版编目（CIP）数据

建筑 / 张顺燕主编. -- 长春 : 吉林科学技术出版社, 2024.8
（孩子超喜欢看的趣味科学馆 / 韩雨江主编）
ISBN 978-7-5744-1079-4

Ⅰ.①建… Ⅱ.①张… Ⅲ.①建筑—儿童读物 Ⅳ.①TU-49

中国国家版本馆CIP数据核字(2024)第046723号

孩子超喜欢看的趣味科学馆　建筑
HAIZI CHAO XIHUAN KAN DE QUWEI KEXUEGUAN　JIANZHU

主　　编　张顺燕
策 划 人　张晶昱
出 版 人　宛　霞
责任编辑　徐海韬
助理编辑　宿迪超　周　禹　郭劲松
制　　版　长春美印图文设计有限公司
封面设计　星客月客
幅面尺寸　167 mm × 235 mm
开　　本　16
字　　数　250千字
印　　张　5
印　　数　1～5 000册
版　　次　2024年8月第1版
印　　次　2024年8月第1次印刷

出　　版　吉林科学技术出版社
发　　行　吉林科学技术出版社
地　　址　长春市福祉大路5788号出版集团A座
邮　　编　130118
发行部电话/传真　0431-81629529　81629530　81629531
　　　　　　　　　　　　　81629532　81629533　81629534
储运部电话　0431-86059116
编辑部电话　0431-81629380
印　　刷　吉林省创美堂印刷有限公司

书　　号　ISBN 978-7-5744-1079-4
定　　价　25.00元

目 录

著名的建筑

古人为了遮风挡雨，使用自然界中的木头、竹子等建造了简单的居所，由此产生了建筑。随着科技的不断发展，建筑的种类越来越多，用途越来越广泛，外观造型越来越美观，世界建筑的发展见证了人类历史文明发展的足迹。

公元前 4000—前 2000 年——巨石阵

它位于英国南部，用直立的石头排成阵列。不过，它并非用来居住，而是用于祭祀神灵的。其将石头直立到底寓意着什么至今仍是个谜。

公元前2500年左右——吉萨的金字塔群

　　用石头建造的金字塔是古埃及人民为他们的统治者法老修建的陵墓。修建金字塔所用的石料每块约重2.5吨，为一座金字塔运送石料要耗费10万名工人和20年的时间。

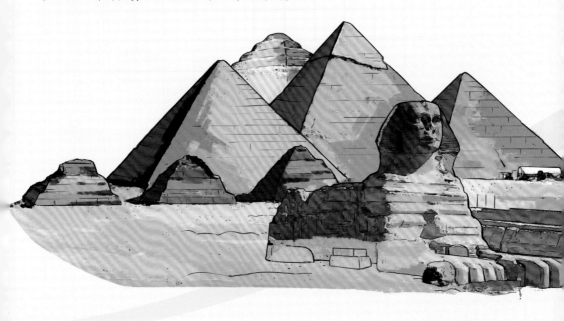

公元前2230—前2000年——齐格拉特神塔

　　美索不达米亚文明曾在现今伊拉克地区甚为繁荣，并在乌尔建造了有楼梯的齐格拉特神塔，彰显出了古代人们的建筑智慧。

5

公元前 717 年——霍尔萨巴德古城

公元前717年，亚述人建造了与金字塔相媲美的宫殿——霍尔萨巴德古城的宫殿。

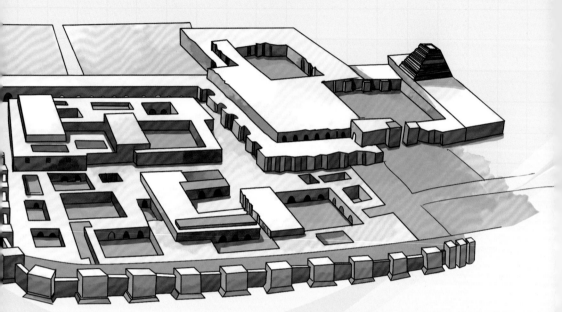

公元前 447 年—前 438 年——古希腊雅典卫城

在希腊古代遗址中，最有名的当属建造于雅典黄金时期的古希腊雅典卫城。经历长久的风吹雨打，古希腊雅典卫城一直是雅典最壮美的风景。哪怕是遭受了多次战争的破坏，也无法减弱它的魅力。希腊雅典著名的帕特农神庙就是在这个时期建造的。

公元 532—537 年——圣索菲亚大教堂

拜占庭帝国在罗马人豪华建筑风格的基础上，建造了伊斯坦布尔的圣索菲亚大教堂。其内殿的屋顶为巨大的穹顶，四角矗立着精致的尖塔，建筑外观十分精致美观。

公元 7 世纪——法隆寺

日本的建筑师受到中国建筑的启发，修建了法隆寺，此建筑将木头用于轻型结构中，使建筑变得更加结实、耐用，甚至能扛住剧烈的地震。

公元 1023 年——圣米歇尔山修道院

　　法国诺曼底修建了圣米歇尔山修道院，其采用修长的尖顶盖，以及尖状拱门，是典型的哥特式风格建筑。从这时起，这种风格建筑在欧洲流行起来。

公元 1220 年——约克大教堂

英国的很多哥特式大教堂均采用细长的拱门和高高的尖顶，可惜后来绝大部分都倒塌了。而约克大教堂却依然耸立着，堪称泥瓦匠们技术、力量的标志性纪念碑。

公元 1420 年——北京紫禁城

　　在明清时期修建的紫禁城是让人叹为观止的古代建筑，它占地面积大，专门供皇家和官员使用。其设计巧妙，装饰豪华，殿堂大量运用大理石，瓦片多为金黄色，将整个紫禁城装饰得金碧辉煌。

公元 1519—1537 年——香波尔城堡

16世纪左右，欧洲的贵族喜欢用大笔钱财来修建豪华的城堡。法国的香波尔城堡正是在这种背景下产生的，它于圆形的塔楼里建造了方形的房间，大大地浪费了空间。不过，这也是当时比较流行的建筑形式。

公元 1630—1653 年——泰姬陵

17世纪，印度莫卧儿帝国的君主沙·贾汗为自己挚爱的皇后修建了著名的墓地——泰姬·玛哈尔陵墓。与埃及法老的陵墓——金字塔不同，它采用白色大理石的结构、圆形尖塔式的屋顶，气势雄伟，是建筑发展较为成熟时诞生的新式陵墓。

公元 1675—1710 年——伦敦圣保罗大教堂

1666年，旧的圣保罗大教堂被一场大火烧毁，建筑师克里斯多佛·雷恩为它重新设计成巴洛克风格，成为巴洛克风格建筑的典型代表之一。

公元 1732—1753 年——美国费城独立厅

美国在独立前，其建筑均借鉴了英国的风格，并无自己的个性。费城独立厅所具有的红色外墙、高尖式塔顶的风格，就是采用了英国的"乔治风格"。"乔治风格"一词也正是由英国国王的名字联想而来的。

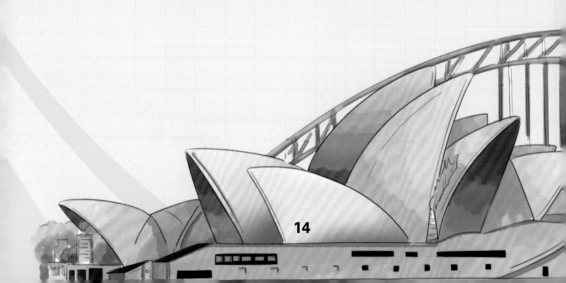

公元 1884—1885 年——芝加哥保险大楼

19世纪80年代，钢铁的造价非常低廉，威廉·勒巴隆·詹尼运用钢铁做成耐火的骨架，并在上面嵌入电梯，还在外面加装了防风雨的外壳，在芝加哥建成了第一座摩天大楼——保险大楼，其建造技术被现代建筑纷纷效仿。

公元 1959—1973 年——悉尼歌剧院

20世纪最具特色的建筑之一——悉尼歌剧院诞生了！悉尼歌剧院的外观非常独特而且美丽，其采用陶瓷瓦片覆盖屋顶，屋顶造型为贝壳状，使得整个歌剧院犹如一艘正要起航的帆船，非常壮观，堪称造型最为震撼人心的现代建筑之一。

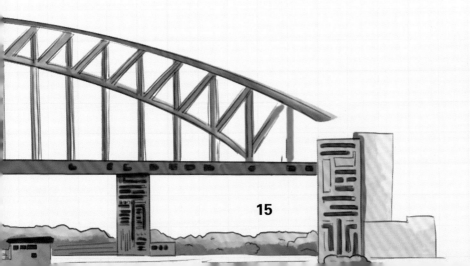

公元 2009—2012 年——银河 SOHO

　　银河SOHO是SOHO中国旗下的一个大型综合项目，总建筑面积达到33万平方米，是一个集商业办公于一身的现代化建筑群。银河SOHO的设计融合了现代艺术和建筑的元素，形成了充满动感和流线的外观。建筑内部采用了大量的曲线墙面和弧形结构，建筑外部采用了大量的玻璃幕墙和金属网格。

银河SOHO还采用了多项绿色建筑的先进技术，如高性能的幕墙系统、日光采集、污水循环利用、高效率的采暖与空调系统、无氟氯化碳的制冷方式，以及优质的建筑自动化体系，是一座集艺术、文化和商业于一体的现代化建筑群，代表了中国当代城市建筑的高水平。

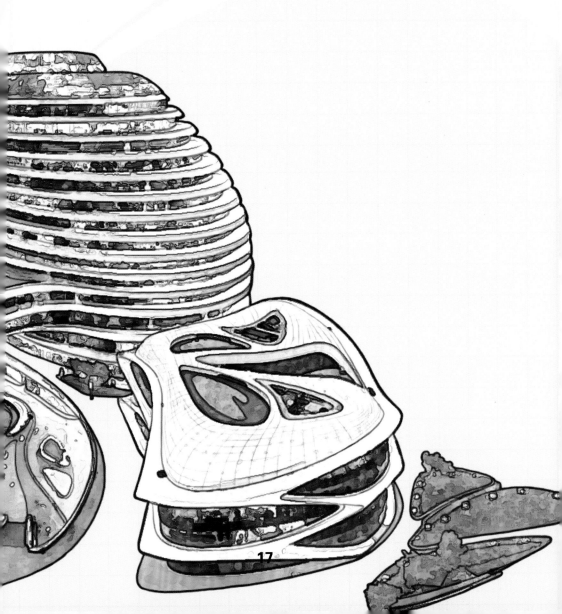

公元 2014—2019 年——北京大兴国际机场

　　北京大兴国际机场在设计和建造过程中采用了许多创新技术，不仅提供了视觉上的冲击力，同时也满足了功能上的需求。

　　该机场航站楼的占地面积约70万平方米，建筑总面积达到140万平方米。机场采用了星形布局，能够让乘客在航站楼内的步行距离最短化，提高出行效率。

北京大兴国际机场独特的外观设计灵感源于中国传统文化的元素，如"凤凰"，寓意着繁荣和吉祥。航站楼的屋顶由63450根杆件和12300个球节点拼装而成，形成了不规则曲面的屋盖，这种大跨度钢网架结构的设计使建筑内部空间更加开阔。航站楼的照明大量采用了自然光，明亮、舒适且绿色、节能。

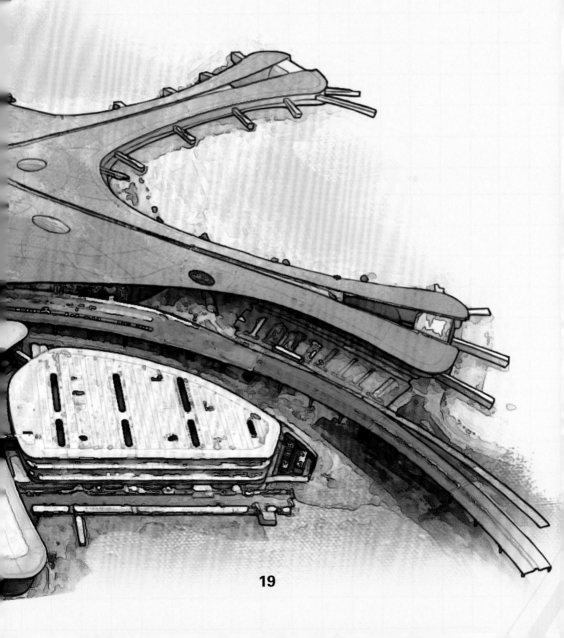

外观

吉萨金字塔群，塔身斜度为51°52′，每个面都近乎等边三角形，表面原有一层磨光的石灰，但经历了几千年的风吹雨打，如今均已剥落了。

吉萨金字塔群

埃及是世界上历史最悠久的文明古国之一，而金字塔群则是古埃及建筑最高成就的代表，也是古埃及文明的见证。我们今天所说的吉萨金字塔其实不是指单独的哪一座金字塔，而是位于当时埃及首都孟菲斯不远的吉萨高原一个金字塔群体的总称。吉萨金字塔群中三座最大、保存最完好的金字塔是由埃及第四王朝的三位法老在公元前2500年左右建造的。

胡夫金字塔

胡夫金字塔是吉萨金字塔群中最大的一座，也是埃及至今发现的110多座金字塔中最大的一座。塔高146.59米，因年久风化，顶端剥落10米，现高136.5米，相当于40层大厦高。塔身是用230万块平均重量约2.5吨的石块堆砌而成的，最大的石料重达160吨。它是10万多个工匠共用约20年的时间才完成的人类奇迹。

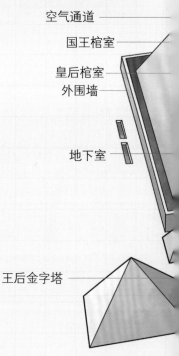

空气通道
国王棺室
皇后棺室
外围墙
地下室
王后金字塔

内部构造

金字塔的入口在北面离地17米的高处，通过长甬道与上、中、下三墓室相连，处于皇后墓室与法老墓室之间的甬道高8.5米，宽2.1米。法老墓室有两条通向塔外的管道，室内摆放着盛有木乃伊的石棺，地下墓室可能是存放殉葬品之处。

古墓群

1993年初，考古学家在吉萨省的金字塔区考察时，意外地发现了一个规模庞大的古墓群，里面共有160多个古墓，墓里的象形文字记录了金字塔修建时的情况。墓壁上有绘画，生动地展现了金字塔修建时的情况。

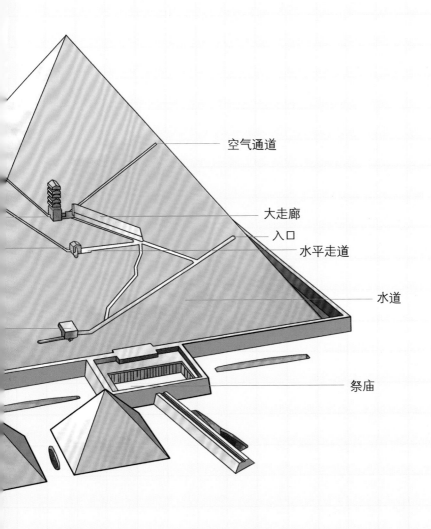

空气通道

大走廊

入口

水平走道

水道

祭庙

著名的神庙

阿蒙是埃及的主神，所以，古埃及人为阿蒙神建造了许多神庙。卡纳克神庙便是其中最著名的一座。卡纳克神庙占地达5000平方米，有134根圆柱高高耸立，其中最中间的12根高21米，5人不能合抱，通体遍布精美浮雕。

方尖碑

哈特谢普苏特女王是世界上第一位女王。卡纳克神庙竖起的哈特谢普苏特女王的方尖碑，高30米，重320吨，是当时最高的方尖碑，也是迄今为止埃及境内最高的方尖碑。

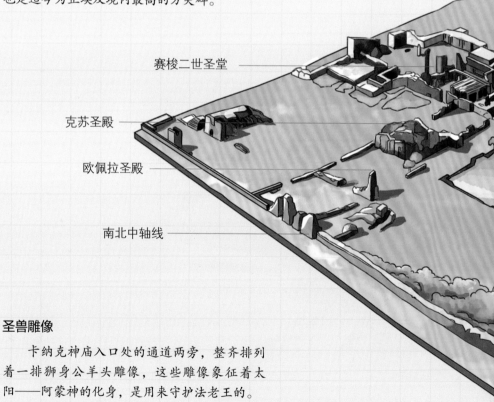

赛梭二世圣堂

克苏圣殿

欧佩拉圣殿

南北中轴线

圣兽雕像

卡纳克神庙入口处的通道两旁，整齐排列着一排狮身公羊头雕像，这些雕像象征着太阳——阿蒙神的化身，是用来守护法老王的。

卡纳克神庙

卡纳克神庙是古代埃及首都最为古老的庙宇，始建于3900多年前，位于尼罗河东岸的卢克索镇附近，是古埃及帝国遗留的一座壮观的神庙。神庙内有大小20余座神殿、134根巨型石柱、狮身公羊石像等古迹，气势宏伟，令人震撼。

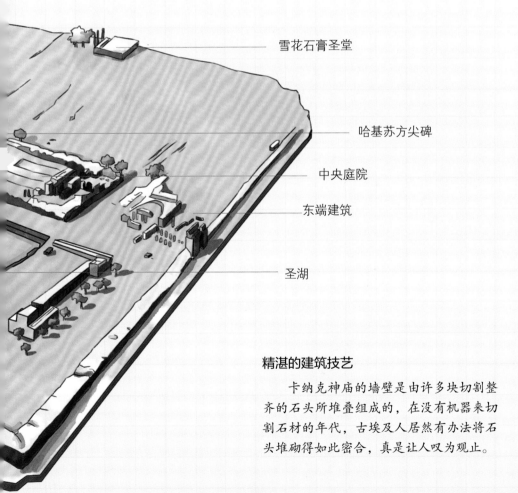

雪花石膏圣堂

哈基苏方尖碑

中央庭院

东端建筑

圣湖

精湛的建筑技艺

卡纳克神庙的墙壁是由许多块切割整齐的石头所堆叠组成的，在没有机器来切割石材的年代，古埃及人居然有办法将石头堆砌得如此密合，真是让人叹为观止。

发现

在19世纪以前，阿布辛贝神庙还只是埋藏在滚滚黄沙中的传说。直至1813年，意大利探险家伯克哈特发现了它，又经后人挖掘并清除了入口的沙土，这座神殿才重现于世。

阿布辛贝神庙

阿布辛贝神庙位于埃及阿斯旺以南290千米处，建于公元前1300—前1233年。它坐落于纳赛尔湖西岸一座高耸的山上，由拉美西斯二世大神庙和其王后奈菲尔塔利小神庙两部分组成。神庙距今已有三千多年的历史，是古埃及留给人类的最宏伟、最美丽的建筑之一，被联合国教科文组织收录为世界遗产。

第一多柱厅浮雕——

庞大而厚重

阿布辛贝神庙依山而建，神庙的正面是4尊高达20米的巨型坐像。庙内壁画雕刻非常精美，每一幅壁画都是一个故事，大多都是描绘拉美西斯二世的丰功伟绩的。最神奇的就是位于庙堂深处的4尊神像，每年的10月21日(拉美西斯二世生日)，初升太阳的第一缕光线会穿过尼罗河，穿过神庙60米左右深的大厅和门廊，直射到神庙尽头神坛里拉美西斯二世的雕像上。

狒狒——

爱情见证

　　阿布辛贝神庙左侧50米左右是拉美西斯二世为他的妻子奈菲尔塔利修建的规模较小的神庙，一反常态将王后的雕像放大到同国王雕像一样大小，而且每尊女性雕像旁都有两尊男性雕像守护，脚下是他们的子女。神庙内的壁画也充满了祝福的意味，足见拉美西斯二世对她的爱。

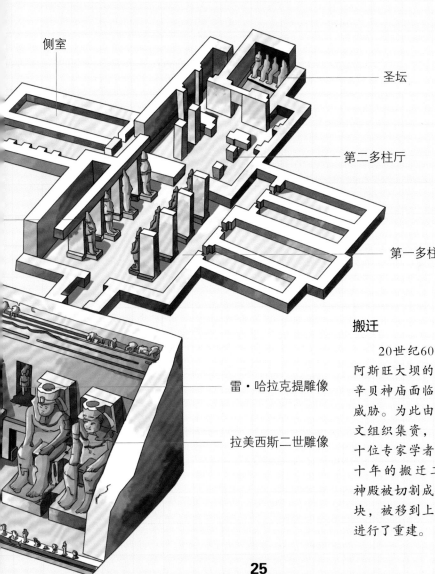

侧室

圣坛

第二多柱厅

第一多柱厅

雷·哈拉克提雕像

拉美西斯二世雕像

搬迁

　　20世纪60年代，由于阿斯旺大坝的建造，阿布辛贝神庙面临被水淹没的威胁。为此由联合国教科文组织集资，并集结了数十位专家学者，展开了数十年的搬迁工程。两个神殿被切割成1000多块石块，被移到上方60米高地进行了重建。

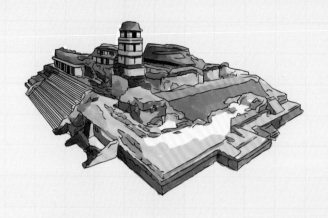

玛雅文化

帕伦克一带居住着印第安人的一支——玛雅人，他们曾经创造了光辉灿烂的文化，历史上被称为玛雅文化，在人类发展史上书写了辉煌的一页。

帕伦克古城

帕伦克城位于墨西哥，是古代玛雅国城市的遗址，它的修建历史大约可以追溯到公元前1世纪。该城市发展的鼎盛时期是公元600—700年，目前遗址中保留下来的很多古建筑都是在这一时期修建而成。其标志性建筑为5个方门的铭文神殿以及帕伦克宫殿，建造艺术非常巧妙，显示出了古代玛雅时期精湛的建造技术。

碑铭神庙

从帕伦克城的正门进去，即可看到碑铭神庙。它是一座为了纪念帕克王而建的神庙。它有5个门，每两个门之间的墙上均雕刻有国王家族的浮雕像。最有特点的是，它的台基采用复杂的金字塔式，做工极为精美。

防盗墓设计

铭文神殿的底下是帕克王墓室，这座墓室的入口相当隐秘，在金字塔式台基的中央有一条20多米长的阶梯通入封死的墓室入口，由此可以看出，在那时，建筑的防盗墓工作已做得很到位了。

帕伦克宫殿

铭文神殿的对面是帕伦克宫殿，它由4个院落组成，有很多回廊和宫室，以及一个高达15米的亚洲式方塔。它的宫室和宫门比其他的玛雅遗址都要宽大，非常壮观，这是帕伦克宫殿在建筑技术上的一个重大突破。

独特的神话图案

帕克王墓室内石棺的棺盖上刻的神话图竟与宇宙飞船的图案极为相似，让人惊讶不已。

咖啡店及纪念品店

低地出口

小桥

北方建筑群

伯爵神庙

主要大门

宫殿

水道

十字群神庙

太阳神庙

碑铭神庙

罗马斗兽场

罗马斗兽场是古罗马建筑的代表作之一，是古罗马文明的象征。它修建于公元72—82年，是古罗马帝国专供奴隶主、贵族及自由民众观看斗兽或奴隶角斗的地方，现仅存遗址。遗址位于意大利首都罗马市中心。其新颖的建筑设计对现代体育场的设计产生了深远的影响。

独特的建筑构造

从外观上看，罗马斗兽场呈圆形，整个建筑分三层，每层布满筒形拱，最底层的每个筒形拱就是一个出入口，供观众进出。中央表演区的底下隐藏着很多洞口和管道，用于储存道具和牲畜等。这样的建筑构造可谓当时建筑设计的先进水平。

规模大

罗马斗兽场是古罗马时期最大的圆形角斗场，长轴约为188米，短轴约为156米，四周墙高约为57米，占地面积约为2万平方米，一次可容纳9万观众观看角斗比赛。斗兽场中央的椭圆形表演区也非常大，长轴达86米，短轴有54米。

座位层层升起

　　罗马斗兽场的座位可以说是它设计得最为巧妙的地方。三排座位围绕着表演区，呈一定坡度逐排升起，使得后排座位上的观众也能毫无遮挡地观看到表演。这样的座位设计为众多现代建筑所效仿，如中国的鸟巢、伦敦的温布利网球场等。

每层座位间修有隔断

　　罗马斗兽场的三排座位中，最前排是荣誉席，中间一排是为骑士和官员准备的，最后一排是留给普通大众的。为避免干扰到贵族观赛，每一层座位之间，还修建了隔断，可谓考虑得非常周到。

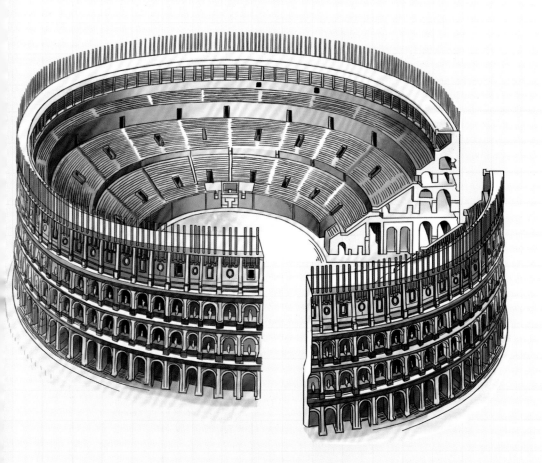

梵蒂冈圣彼得大教堂

　　圣彼得大教堂的标准名为圣伯多禄大教堂，最初于公元326年落成，后被多次重建，最后由米开朗琪罗主持设计，于1626年正式宣告建成，为文艺复兴式和巴洛克式建筑风格，位居世界五大教堂之首。如今，圣彼得大教堂是基督教大公教会（天主教会）的教堂、大公教会教徒的朝圣地与梵蒂冈罗马教宗的教廷。

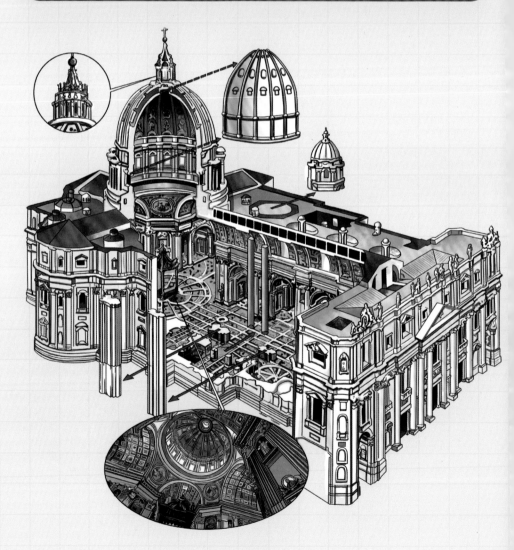

宏伟壮丽

　　圣彼得大教堂是一座长方形的教堂，造型传统而神圣。教堂内部金碧辉煌，皆用大理石砌筑而成，再加上教堂前面闻名世界的露天广场——圣伯多禄广场上排成4行的284根托斯卡式柱子，使得整个圣彼得大教堂看起来宏伟壮丽。

世界上最大的教堂

　　圣彼得大教堂是现在世界上最大的教堂，总面积约有2.3万平方米，主体建筑高达45.4米，长约为211米，最多能容纳6万人。6万人同时祈祷，气势恢宏。

建筑风格古典主义浓厚

　　圣彼得大教堂最突出的特征是采用罗马式的圆顶穹隆和希腊式的石柱式，并与平过梁相结合，造型雍容华贵，具有明显的文艺复兴时期提倡的古典主义风格。

雕像和绘画装饰

　　大量采用雕像和绘画作为装饰，是圣彼得大教堂的又一显著特征。圣彼得大教堂内全部用大理石拼接成图，而屋顶和四壁还用绘画进行装饰，众多雕像出自名家之手，艺术水平精湛，给大教堂增添了浓墨重彩的一笔。

尖塔最多

　　米兰大教堂突出的特征之一就是屋顶尖塔林立，共有135个尖塔，犹如浓密的塔林刺向天空，而且每个塔尖上都有神的雕像，非常壮观，也增加了米兰大教堂的辨识度。

米兰大教堂

　　米兰大教堂是意大利著名的天主教堂，位于意大利米兰市，是世界上第二大教堂。它于1386年开始建造，直到1965年才彻底完工，历时约6个世纪，是世界上建造时间最长的建筑之一。它的建筑风格非常独特，上半部分采用哥特式的尖塔，下半部分则采用典型的巴洛克式风格，华美至极，是米兰的精神象征和标志，也是世界建筑史和世界文明史上的奇迹。

雕像最多

　　米兰大教堂是世界上雕像最多的建筑，光外部就有2000多个雕像，内部雕像则多达6000个，使得整个建筑显得非常壮丽。

内部装饰精致华美

教堂内部全由白色大理石筑成，厅内全靠两边的侧窗采光，窗细而长，上嵌彩色玻璃。它高达20米，共有24扇，彩色图案均为耶稣故事，堪称世界上最大的花窗棂。教堂东端有3个环形花格窗，宽约8.5米，高约21米，被称为"意大利花格窗中的精品"。此外，其内所有柱子的柱头上均有小龛，小龛里又放有雕像，将整个建筑内装饰得精致而华美。

圣母玛利亚金像

1774年，米兰大教堂的中央塔上的一个镀金圣母玛利亚雕像，在阳光的照耀下光辉夺目，神奇而美观。

33

主从式布局

　　整座教堂为庭式建筑，墙体全部使用清水红砖，中央一座主体建筑教堂，统率着四个大小不同的矮层建筑，形成了主从式的布局，错落有致。

鲜明突出的大圆顶

　　教堂中央的主建筑为典型的拜占庭风格，即有一个鲜明突出的大圆顶，呈"洋葱式"造型。其四周的矮层建筑则采用俄罗斯传统的"帐篷顶"，非常独特，使得整座教堂非常好辨认。

圣索菲亚大教堂

圣索菲亚大教堂位于土耳其伊斯坦布尔，建于公元532—537年，因其巨大的圆顶而闻名于世，被称为"世界上十大令人向往的教堂"之一。圣索菲亚教堂恢宏无比，充分体现出了卓越的建筑艺术。

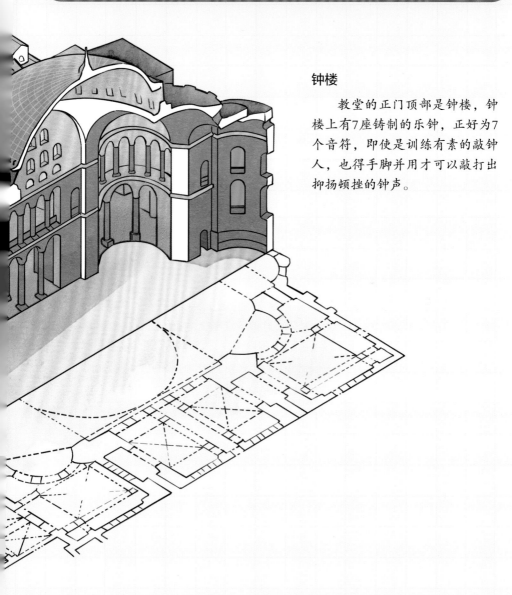

钟楼

教堂的正门顶部是钟楼，钟楼上有7座铸制的乐钟，正好为7个音符，即使是训练有素的敲钟人，也得手脚并用才可以敲打出抑扬顿挫的钟声。

圣马可大教堂

圣马可大教堂因其中埋葬了耶稣门徒圣马可而得名。它坐落于威尼斯市中心的圣马可广场上，于公元829年开始建造，并于公元1043—1071年被重建。它是一座优秀的建筑，融合了多种艺术形式，是威尼斯建筑艺术的经典之作，也是一座收藏有丰富艺术品的宝库。

结合体

圣马可大教堂融合了东西方的建筑特色，大教堂采用圆圆的大屋顶，这是典型的东方拜占庭艺术，而尖拱门运用的是哥特式的装饰；整座教堂的结构又呈现出希腊式的十字形设计；此外，还加入了栏杆等文艺复兴时期的装饰，多种艺术形式结合得非常协调，美不胜收，无与伦比。

"金色大教堂"

教堂的内部，从地板、墙壁到天花板上，均用细致的镶嵌物作为装饰，并覆盖着一层闪闪发亮的金漆，使得整座教堂都笼罩在金色的光芒里。这是该教堂的突出特征之一，故而该教堂又被称为"金色大教堂"。

罗马拱门

教堂的正面5个入口采用华丽的罗马拱门，拱门上方用5幅描述圣马可事迹的壁画进行装饰，中间大门的穹顶阳台上，耸立着多尊雕像，非常壮观。

艺术收藏品丰富

圣马可大教堂收藏了很多艺术品，如4座青马像、圆形天花板上取材于《圣经·旧约》的巨型镶嵌画等。

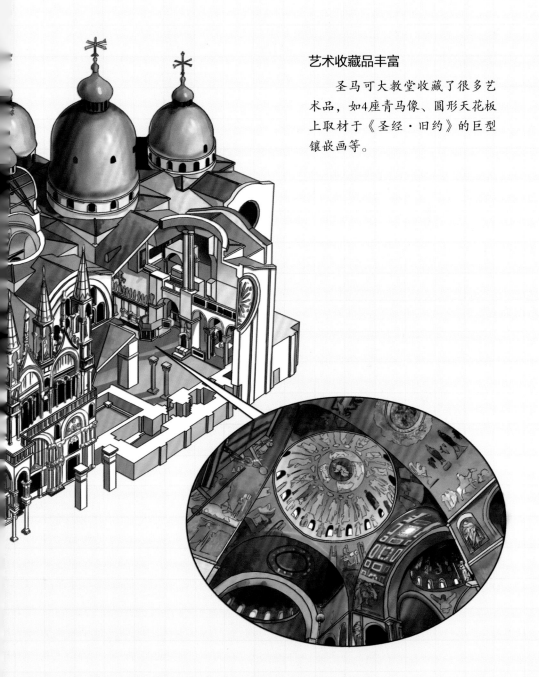

比萨特色

比萨大教堂由雕塑家布斯凯托·皮萨诺主持设计，修筑的工作从11世纪持续到13世纪，外部多以明亮大理石材质建造，整体偏向白色，而在教堂正面则镶嵌有几何图案的其他色彩的石片，这种美学的表现形式是比萨建筑的一大特色。

比萨大教堂

比萨大教堂位于意大利比萨，始建于1063年，是意大利著名的宗教文化遗产。比萨大教堂是在传统古罗马式风格基础上结合比萨风格元素的一种新的建筑样式，对公元11—14世纪的意大利建筑产生了深远的影响。历经多年，塔斜而不倒，被公认为世界建筑史上的奇迹。

独特的造型

俯瞰大教堂，主体建筑呈十字架形，十字相交处覆盖有椭圆形拱顶，教堂内部由宽大的长廊与耳堂相互交叉组成，用纵向4排共68根科林斯式圆柱支撑。

精美的装饰

　　大教堂内部纵深有100米，用黑、白条纹图案装饰，壮观而美丽，而布道坛则是由6根柱子和5根有雕刻装饰的柱子支撑，中央是一组精美的雕刻，它表现的是信仰、希望和慈爱。

比萨斜塔

　　比起教堂本身来说，比萨斜塔的名气似乎更大一些。它是意大利独一无二的圆形塔，而且这座倾斜的塔，屹立多年而不倒，加之科学家伽利略曾在这座斜塔上做过自由落体实验而使其声名大噪，被公认为世界建筑史上的奇迹。

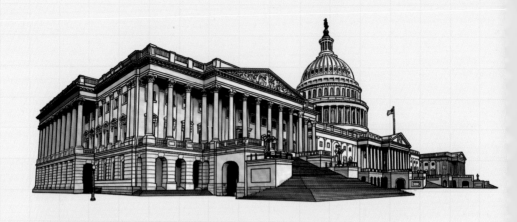

美国国会大厦

美国国会大厦是美国国会所在地，位于美国首都华盛顿的国会山上。国会大厦1793年9月18日由华盛顿总统亲自奠基，1800年投入使用。1814年，第二次美英战争期间被英国人焚烧，部分建筑被毁。1819年又重新开始修建，直到1867年再次落成，以后又经不断修缮扩建，才达到目前的规模。

圆形大厅

国会大厦圆顶内部是一个可容纳两三千人的金碧辉煌的圆形大厅，内高53米，大厅直径30余米。圆形大厅的正门是圆柱式门廊，门廊内是3座被称为"哥伦布门"的铜质门，质地厚重，上面雕有哥伦布发现新大陆的浮雕。在圆形大厅的四壁挂有8幅记录美国历史的油画，穹顶上则是19世纪意大利画家布伦米迪及其学生所绘的大型画作，画面中心为美国开国总统华盛顿，华盛顿身侧分别为胜利女神和自由女神，画面中的其他13位女神则代表美国初立的13个州。圆形大厅南侧还设有专门的雕像厅，其内为美国50州的名人像，合立一堂，是美国凝聚力的象征。

圆形屋顶

　　国会大厦是一幢全长233米的3层建筑，外墙全部使用白色大理石，通体洁白，最引人注目的是中央一座高高耸立的圆顶，大圆顶两侧的南北翼楼，分别为众议院和参议院办公地。大圆顶也分3层。圆顶上还有一个小圆塔，塔顶直立一尊6米高的自由女神青铜塑像，她头戴羽冠，右手持剑，左手扶盾，永远眺望着东方太阳升起的地方。

电报趣闻

　　国会大厦内部共有大小房间数百间。1844年5月24日，电报发明者莫尔斯在国会大厦其中的一间屋内，当着国会议员和法官们的面，拍发了世界上第一份电报。

41

建造起因

　　1889年，为庆祝法国大革命胜利100周年，法国人决定举办一届世博会，并建造一座史无前例的建筑。最后建筑师埃菲尔设计的300米高铁塔的方案，从众多应征作品中脱颖而出，并被采用。

埃菲尔铁塔

　　埃菲尔铁塔是世界建筑史上的杰作，建成于1889年，设计者是著名建筑师、结构工程师古斯塔夫·埃菲尔。埃菲尔铁塔是巴黎城市地标之一，被法国人爱称为"铁娘子"。

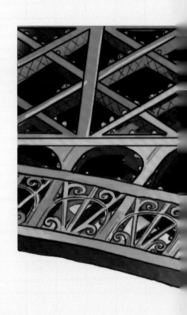

工程浩大

　　埃菲尔铁塔主体建筑高300米，塔顶安装的天线高24米。铁塔除了4个脚是用钢筋水泥修建的之外，全身都用镂空的钢铁构件铆焊构成，看起来就像一堆模型的组件。铁塔重达10 000吨，共使用了12 000多个分散的钢铁构件，施工时共钻孔700万个，使用铆钉250万个。铁塔有3层，分别在离地面57.6米、115.7米和276.1米处，其中一、二层设有餐厅，第三层建有观景台，从塔座到塔顶共有1711级阶梯。

工艺高超

在工程开始的阶段，先建铁塔的4个塔墩。然后在每个塔墩处分别建筑支脚。这4个支脚倾斜向上，在54米高后才首次会合。

化整为零

和当时其他的大型建筑工程不同，埃菲尔预先在自己的车间里面制造好所有的部件，然后再将这些部件运往工地安装。建造铁塔的每个部件都不超过3吨重，这使得小型起重机得以普遍应用。

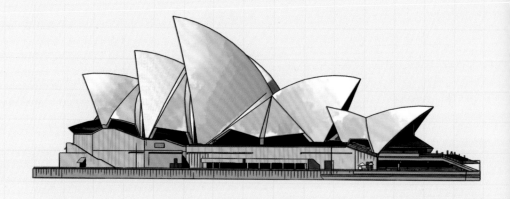

悉尼歌剧院

悉尼歌剧院位于悉尼市区北部，是悉尼市地标建筑物。它是一座成功举办音乐、戏剧演出的建筑，由丹麦著名建筑师约恩·乌松设计，于1958年3月开始动工，耗时14年建成，是悉尼艺术文化的殿堂，成为公认的"20世纪世界十大奇迹"之一。

南面休息室

购物区

独特的船帆形屋顶

悉尼歌剧院最突出的特点是其屋顶构造犹如巨大的贝壳，又如船帆一样，坐落在海边，以悉尼港湾大桥为背景，尤为壮观。它那贝壳形的尖屋顶，其实是由2194块均重15.3吨的弯曲形混凝土通过钢缆固定并拼接成的，外表覆盖着105万块白色或奶油色的瓷砖，引来众多游客驻足观赏。

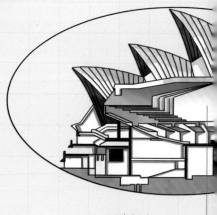

剧院舞台

规模大

悉尼歌剧院三组形如壳片的屋顶巨大，耸立在南北长186米，东西最宽处为97米的现浇钢筋混凝土结构的基座上。整个剧院包括有话剧厅、电影厅、大型陈列厅、接待厅、5个排练厅、65个化妆室、图书馆、展览馆、演员食堂、咖啡馆和酒吧间等大小厅室900多间，仅公共餐厅一次就可容纳6000人左右，规模庞大，气势恢宏。

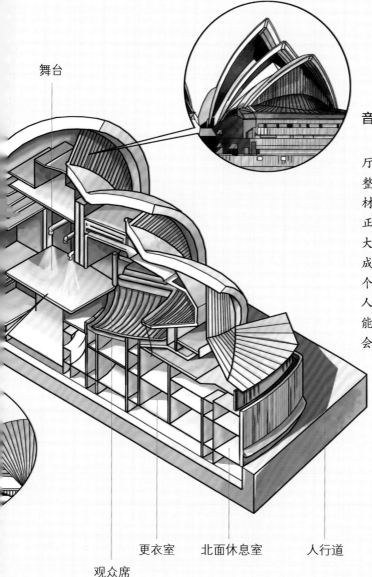

舞台

音乐厅

悉尼歌剧院的音乐厅非常独特，首先，它整个采用澳大利亚木材；其次，在音乐厅的正前方有一个全世界最大的由一万多根音管组成的大管风琴，使得整个音乐厅气势恢宏，引人注目。很多歌唱家为能在这里举办一场音乐会而自豪。

更衣室　　北面休息室　　人行道

观众席

45

富丽堂皇

泰姬陵占地17万平方米，四周是红砂石围墙。大门有一条笔直的红砂甬道通往陵墓。宫壁上布满用宝石镶成的花卉，光彩照人。中央圆顶高62米，四周有4座高41米的尖塔。泰姬陵的前面是一条清澄水道，水道两旁种植有果树和柏树，分别象征生命和死亡。

印度泰姬陵

泰姬陵位于今印度的阿格拉城内，是莫卧儿皇帝沙·贾汗为纪念他已故的爱妃而修建的陵墓。该建筑全部用纯白色大理石建成，并镶嵌玻璃、玛瑙作为装饰，是世界遗产中的经典杰作之一，被誉为"完美建筑"。

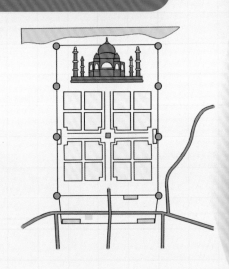

耗资巨大

泰姬陵的修建工程动用了数以万计的工匠，并耗尽国库钱财，历时22年，直到1653年这座陵墓才被建成。

完美协调

泰姬陵整体建筑的构图稳重而又舒展，陵墓方形的主体和浑圆的穹顶在形体上既有强烈的对比，又有协调统一的几何比例，各部分的几何形状精确、简洁，没有过于琐碎的东西。

宁静而优美

泰姬陵审美上突出女性的柔美和静雅，又不乏皇家恢宏气度。早中晚不同时间去看泰姬陵，景色时时不同。尤其是在晴朗的夜晚，白色的大理石陵寝在月光的映衬下，会泛出淡紫色，神秘而幽深，仿佛仙境一般。

气势非凡

安土有"平安乐土"之意，安土城建在海拔100多米、突出琵琶湖面的小半岛上，构造极其雄伟，后有安土山，前临琵琶湖，凸显君临天下的气势。

日本安土城

安土城是日本战国时代的英雄织田信长下令建造的，在1579年建成，位于琵琶湖南岸，是日本最早的天守建筑。这座城池宏伟华丽，坚固无比，是日本当时前所未有的建筑。安土城共有7层，高65米，城下有大道贯穿，沿路兴建民居、寺庙和武将居所，是日本的历史名城。

布局错落有致

安土城天守阁共有7层，第1层是石墙，内设粮食仓库；石墙之上是第2层，有立柱204根，上面绘百鸟等图案；第3层有立柱146根，绘花鸟及贤人像；第4层有立柱93根，绘松竹图等；第5层无绘，为三角形；第6层为八角形，由织田信长亲自设计，外面的柱子漆红，里面的柱子包金箔，周围有雕栏，刻龟和飞龙，外壁绘画恶鬼，内画释迦牟尼与十大弟子说法图；第7层室内外皆涂金箔，四柱雕龙。

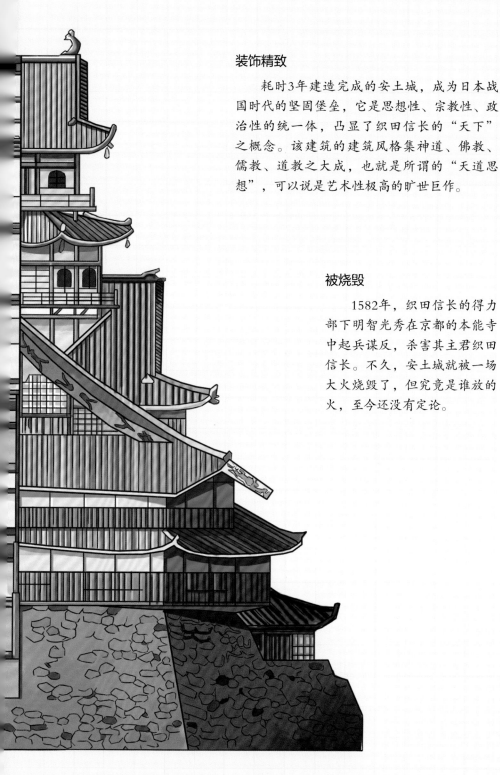

装饰精致

　　耗时3年建造完成的安土城，成为日本战国时代的坚固堡垒，它是思想性、宗教性、政治性的统一体，凸显了织田信长的"天下"之概念。该建筑的建筑风格集神道、佛教、儒教、道教之大成，也就是所谓的"天道思想"，可以说是艺术性极高的旷世巨作。

被烧毁

　　1582年，织田信长的得力部下明智光秀在京都的本能寺中起兵谋反，杀害其主君织田信长。不久，安土城就被一场大火烧毁了，但究竟是谁放的火，至今还没有定论。

49

历史名城

姫路城是日本保存最为完好的17世纪早期建筑，是日本古代防御和建筑技术的巅峰之作。1993年，姫路城被联合国教科文组织列为世界文化遗产。

日本姫路城

姫路城位于日本兵库县姫路市的姫山上，是日本现存的古代城堡中规模最宏大、风格最典雅的一座代表性城堡。由于姫路城整体外观为白色，其造型优美，好似振翅的白鹭，所以也被称为白鹭城。姫路城始建于1346年，后经过不断扩建，直到17世纪才逐渐形成我们今天看到的样子。城堡由83座建筑物组成，其建筑特点展示了日本幕府时代高度发达的防御技巧和极高的建筑美学价值，是木结构建筑的典范之作。

结构严密，固若金汤

姫路城建造在海拔45.6米的姫山之巅，主要城郭(大天守阁)高31米，3座较小的城堡(小天守阁)被独特的系列防御墙精巧地连为一体。

姫路城依山而建，四周筑有壕沟。城墙共有三层，各层城墙之间均有坡道相连。墙壁上开有无数个圆形、三角形、长方形等形状的小孔，用于放置铁炮和弓箭，以打击来犯的外敌。为了防火，外部墙壁全部涂以白色灰浆。

每层的城墙入口处均设置有大门和瞭望塔。城堡中的道路错综复杂，好似迷宫，但在顶楼上却可以清楚地看到下面发生的情况，真是易守难攻啊！

地基

　　为防止地面沉陷和地震带来的损伤，姬路城的地基采用无数的巨石堆砌，地基最下层中间低，四周高，呈碗状，使地基受力指向中心，保证了地基的稳固性。

屋檐

　　姬路城所有建筑的屋顶边缘都采用优美的上翘弧线，外观优美，气势不凡。

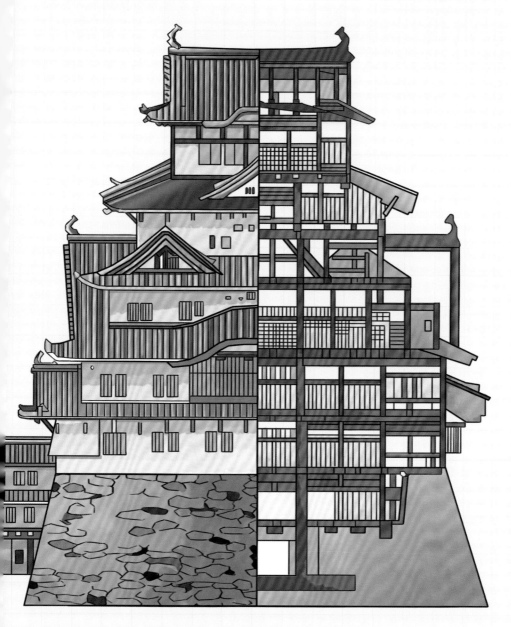

宽大的屋檐

屋檐一般设计得很宽，仿佛是一把撑起的大伞，由于不使用砖、水泥等，为了阻挡斜侵的风雨，伸长屋檐就显得很有必要了。

日本传统民居

日本是一个多地震的国家，为了防震，日本的传统民居大都采用二层木制框架结构，并在重要位置进行了加固。民居的屋顶大多呈斜坡式，并依据当地风俗习惯和房主的职业不同，屋顶的形状也是多种多样。民居的墙壁和屋顶都涂有优质涂料，既美观，又不易褪色。

融合在大自然中

日本传统民居多为"田"字形，南北朝向，外部四周设平台，台上设檐柱，形成回廊。在设计和建造的过程中，室内并不是从自然中分割或制造出独立于自然之外的一部分空间，也不是通过墙体把居住生活空间和外部环境之间加以界定，而是一种开放的、尽可能融入自然中的结构形式。

榻榻米

民居的地板多悬空架在地面之上，这样使地板底部和地面之间形成很好的通风，可保持室内地面干燥。地板上铺满"榻榻米"（一种草编的厚席子），人们跪坐其上品茶，谈天论地。房中家具较少，移动方便，所以随时可改变其用途。

推拉门窗

日本传统民居的门窗都采用推拉式，不占空间，构造简单，集采光、通风等多种功能于一体。

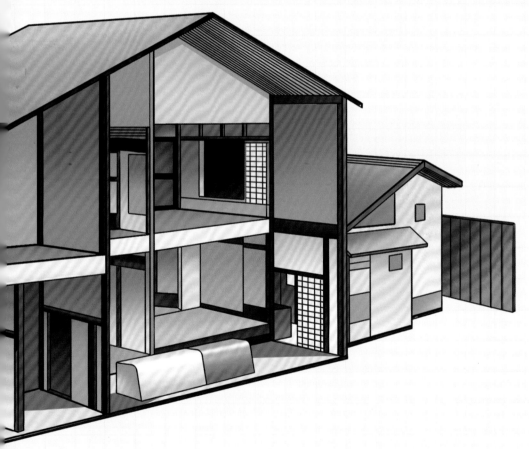

玄关

日本传统民居进门处都设有玄关，是从室外进入室内时，换鞋和脱外衣的地方。

外形独特

台北101大厦由14家建筑企业和多家专业团队联手规划和建设，并由建筑师李祖原设计。大楼造型呈方塔形，每8层为一个建筑单元，如竹节般层层相叠，在外观上形成有节奏的律动美感，开创国际摩天楼新风格。

台北 101 大厦

台北101大厦位于台北市商业中心区，原名为台北国际金融中心，而后转变成综合性的商业建筑，地上共有101层，故称101大厦。台北101大厦楼高508.2米，2010年以前，是世界第一高楼。2010年1月4日，迪拜塔（828米）的建成使得台北101退居世界第二高楼。2016年3月12日，上海中心大厦（632米）的建成使得台北101退居世界第三高楼。

牢固的地基

台湾地处地震多发地带，防震设计是高层建筑最重要的环节，所以在建造101大厦时，仅打地基的工程就用了15个月，挖出70万吨土。大厦的基桩由382根钢筋混凝土构成，中心的巨柱为双管结构。所使用的钢至少有5种，根据不同部位来使用，特别调制的混凝土，比一般混凝土强度高60%。

高速电梯

台北101大厦的电梯曾经是世界上最快的电梯，被列入吉尼斯世界纪录，从5楼直达89楼的室内观景台只需37秒，电梯爬升的速度为每分钟1010米，相当于时速60千米。

阻尼器

防震阻尼器是高层建筑用于吸收震波的一种装置。它是吊装在楼体中上部一个几百吨重的大铁球，通过传动装置经由弹簧、液压装置来吸收楼体的振动，从而达到抗震的目的。台北的101大厦安装的防震阻尼器直径为5.5米，重达660吨。

大雁塔

　　大雁塔位于陕西省西安市的大慈恩寺内，又名"慈恩寺塔"。大雁塔是唐朝玄奘法师为保存他"西天取经"成功后带回的经卷、佛像而主持修建的。大雁塔是现存最早、规模最大的唐代四方楼阁式砖塔，它是以佛塔这种古印度佛寺的建筑形式随佛教传入中原地区，并融入华夏文化的典型性建筑之一。

多次改建

　　大雁塔最初的建筑图样是仿造印度著名的佛陀伽耶（大觉塔）而修建的，共有5层，高60米。后来，唐高宗李治认为这座印度式样的建筑与长安城的总体建筑风格有些不协调，于是进行了改建，大雁塔被加高至9层。再后来，大雁塔层数和高度又有数次变更，之后西安地区发生了几次大地震，大雁塔的塔顶震落，塔身震裂。明万历三十二年（1604年），大雁塔进行第5次修葺。这是一次重大的维修加固工程，在维持了唐代塔体基本造型的基础上，给外表完整地砌上了60厘米厚的包层。塔高64.5米，塔基底边长25米，占地2061平方米，这便是如今看到的大雁塔。

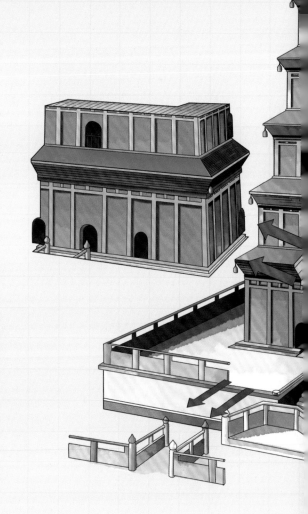

结构特点

　　大雁塔共有7层，是一座砖仿木结构的四方形楼阁式塔，由塔基、塔身、塔刹三部分组成。全塔通高64.7米，塔基高4.2米，南北长约48.7米，东西长约45.7米；塔身底层边长25.5米，呈方锥形；塔刹高4.87米。1、2两层有9间，3、4两层有7间，5、6、7层有5间。

珍贵文物

　　大雁塔里收藏了很多珍贵的佛教文物，塔底门框上均有精美的线刻佛像及砖雕对联。在南门东西两侧的碑龛内镶嵌着唐太宗李世民撰《大唐三藏圣教序》碑和唐高宗李治撰《述三藏圣教序记》碑，均为唐代著名书法家褚遂良书写，碑文高度赞扬玄奘法师取经、弘扬佛法的历史功绩和非凡精神；为唐代碑刻中的精品，是珍贵书法碑刻，也是研究唐代书法、绘画、雕刻艺术的重要文物。

故宫角楼

故宫角楼即建造在北京紫禁城城墙四角上的建筑，它于明代建造，距今约有560多年。从外面看，角楼的屋檐为飞翘的三重檐，翼角数量多，层层叠叠，四面呈"凸"字形平面组合，各部分比例非常协调，造型玲珑别致，令人称奇，是紫禁城非常著名的标志建筑。

独特的歇山顶

角楼的屋顶有三层，均为歇山顶，即具有九条主要屋脊的屋顶，这是明代开始流行起来的屋顶形式，故而角楼又被称作九脊殿。

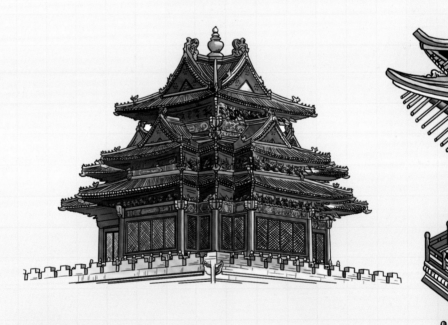

减去了四根立柱

角楼的一大突出特点是，采用减柱的方法建造，即在室内减去了四根立柱，大大扩大了角楼内部的可利用空间，这种建造技术在当时非常先进。

角楼不是真的楼

角楼屋内无一根落地的柱子，也没有楼梯、楼层，不是真正意义上的楼。其被称为角楼，大概跟它建在城墙上有关。

装饰精致

角楼的梁枋即支撑房屋顶部的主要构件均用龙锦枋心墨线大点金旋纹彩画进行装饰，建筑外窗则采用做工细致的槛窗，精致漂亮。

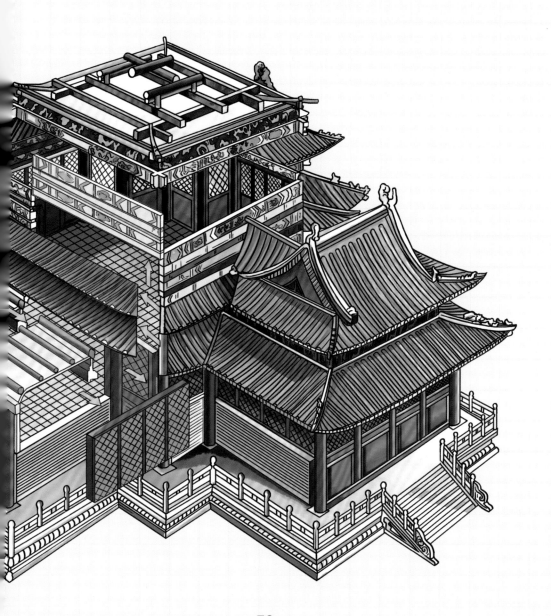

天坛

天坛位于北京市南部，东城区永定门内大街的东侧，是我国现存最大的古代祭祀场所。它始建于1420年，在明清两代，主要供皇帝祭祀上天，祈福五谷丰登、国泰民安所用，是古代人们尊崇天人合一的精神产物。天坛用坛墙隔开成内外坛，主要建筑基本都在内坛，包括圜丘、祈谷两坛，其中圜丘坛在南，祈谷坛在北，两坛同在一条南北轴线上，中间又设坛墙相隔。天坛建筑最大的特点就是巧妙运用了声、力、美学原理。

奇特的祈年殿

祈年殿又称祈谷坛，是天坛最具代表性的建筑之一，整座殿的结构非常奇特，没有使用那个年代常用的大梁和长檩，甚至铁钉都没用上，仅用28根金丝楠木巨型柱加以支撑，并有三层重檐向上逐层收缩呈伞状，设计巧妙，而建筑外墙上充分运用美学绘有金碧辉煌的彩绘。

像花坛的建筑

圆丘坛为圆形，整体看上去像个大花坛，是古代冬至举办祭天大典的场所。圆丘坛分为3层，每一层采用艾叶石灰岩台面、汉白玉柱、栏的石板，且数目均为9或9的倍数，四周绕有两层蓝色琉璃瓦矮墙，设计用心，装饰得细小入微，非常精致。

有趣的天心石

天坛上的天心石非常著名，因为站在天心石上说话，会从四面八方传来回音，这是运用了声学原理。天心石就是圆丘坛上层中央的圆心石，正是圆丘坛的中心，在这个位置发出的声音会在石坛的周围砌有的三重石栏以及石坛外设的两道逆墙反射回来，产生回音。

三音石

在通向皇穹宇的台阶上有一块被称为三音石的台阶。人站在这块台阶上拍一下手，可以听到三次拍手声，或者更多次连续拍手的声音。这也是巧妙运用声学原理的表现。

天坛的四周围墙很高，而且材质坚硬光滑，非常容易反射声音；再加上墙是圆形的，而三音石正好位于圆的中心处。当你拍一下手后，声音从空气中往四周传播，遇到围墙后，又给反射回来，这些反射回来的声音通过三音石，再次反射，如此反复，就能听到三次甚至更多次声音。

61

太和殿

太和殿又叫金銮殿，是中国现存最大的木结构大殿。它位于北京故宫的中心位置，是皇帝登基、册立皇后等重大仪式的场所。该殿是明清两代北京城内最高的建筑，开间最多、进深最大和屋顶最高的大殿，堪称中华第一殿。太和殿始建于明永乐十八年（1420年），后经多次焚毁，又被多次重建，现在我们所看到的太和殿是清朝康熙三十四年即1695年重建后的样子。

规模庞大

太和殿长约64米，宽37米，高26.92米，加上台基高达35.05米，建筑面积达2377平方米，是紫禁城内规模最庞大、体量最大的建筑。殿前有宽阔的平台，平台上陈设有铜龟、铜鹤、铜鼎等。殿下是高达8.13米的三层汉白玉石雕基座，周围用栏杆环绕。栏杆下安有排水用的石雕龙头，雨季时，从龙头里喷出水来，犹如千龙吐水，非常壮观。

重檐庑殿顶

太和殿采用了当时建筑形式最先进的重檐庑殿顶，即在庑殿顶之下，又修建有短檐，四角各设置一条短垂脊，共九脊，大大增加了整个建筑的美观和大气，彰显出了古代精湛的建筑手法。

镇瓦

除了房屋坡顶的正脊，在旁边的脊上用各种动物形状的镇瓦即镇瓦兽加以装饰。镇瓦兽按照严格的规定整齐地排列，且建筑等级越高，镇瓦兽越多。太和殿上的镇瓦兽有10个，是中国汉族宫殿建筑史上独一无二的，也是建筑等级最高的。

皇帝宝座

在太和殿内的正中央陈设了一个装饰华贵、雕镂精美的涂有金漆云龙纹的宝座。它的椅圈上由13条金龙缠绕，其中最大的一条正龙昂首立于椅背的中央，在束腰处透雕双龙戏珠，做工精细大气，象征着至高无上的皇权，是紫禁城里保存下来的唯一一个明代的皇帝宝座。

长城

长城又叫万里长城，是中国古代为抵挡外族入侵的军事防御工程。它的修建经历好几个朝代，明代修建的长城总长度为8851.8千米，秦汉及早期长城已超过1万千米，总长超过2.1万千米。如今保存得比较完整的是明代修建的长城，其主要分布在河北、北京、陕西、甘肃、内蒙古、新疆等15个省区，是"世界十大奇迹"之一。

建在危崖绝壁之上

长城作为军事防御工程，需要修筑在险要的地方，因此，整体看上去，长城绵延在危崖绝壁之上，这可以说是长城最为突出的特征。长城很多段都横跨在两山峡谷之间，城墙更是沿着山岭的脊背修筑，有的地段城墙外侧看上去非常险峻，内侧则非常平稳，具有"易守难攻"的特点。

64

无数个关隘

　　长城在一定的距离内必然会设置一个关卡，也叫关隘。整个长城拥有无数关隘，关隘设置在地势险要的地方，关隘比城墙更高，其内结构更复杂，设置了烽火台、瞭望口等结构，有利于防御。

防御工程体系

　　长城可不单单只有一道城墙那么简单，还包括了敌楼、关城、墩堡、营城、卫所、镇城、烽火台等多种防御工事，它们共同组成了一个完整的防御工程体系，可由各级军事指挥系统层层指挥、节节控制，在古代对抵御敌人的入侵很有效。

祾恩殿

祾恩殿是中国现存的最大的楠木结构大殿，位于北京昌平区十三陵中的明长陵之中，是明朝皇室举行重大祭祀仪式的场所。祾恩殿是典型的明代官式建筑，规模大，等级高，用料考究，为后人研究古代建筑史的发展提供了珍贵的实物资料，可谓建筑史上的丰碑。

台基

祾恩殿的台基由三层汉白玉石板铺成，每层台基的四周装饰着汉白玉栏杆。栏杆的雕刻简单质朴。

木质结构

大殿构件全部是楠木材质，不加修饰。连撑殿顶的柱子都是整根的楠木木柱，没有拼接。木柱共有60根，直径都在1米左右，其中中央4根大柱的直径达1.17米，高约23米，质量之高，形体之大，在建筑史上绝无仅有。

大殿

　　从台基地面算起到殿脊，大殿的高度为25.1米。大殿横向排列10根木柱（大殿长度为66.75米），中间有9个间隔，称为"面阔九间"；纵向为6列木柱（大殿宽度为29.31米），中间为5个间隔，称为"进深五间"，九五则代表帝王九五之尊。殿内总面积为1956.44平方米。

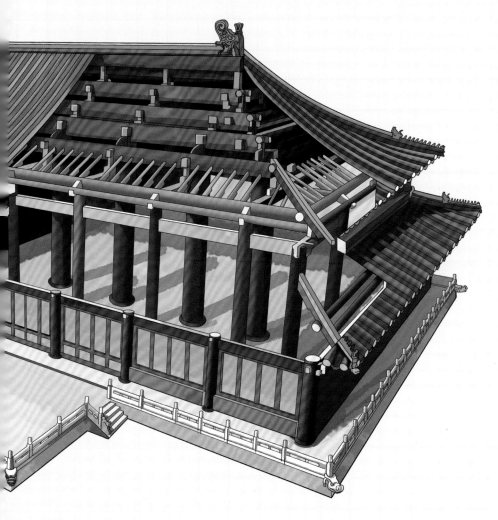

殿顶

　　殿顶全部以黄色琉璃瓦覆盖，在阳光的照耀下，整个大殿熠熠生辉，突显了皇家一派金碧辉煌的气度和风范。

碧云寺金刚宝座塔

碧云寺金刚宝座塔位于北京香山碧云寺内，修建于清代乾隆十三年，即公元1748年，是我国同类10余座塔中较早修建的一座。金刚宝座式塔源于印度，后传入中国，它以一个长方形的石质高台作为基座，台上建5座小塔，中央的塔较大，四角上的塔较小。塔身由石头砌成，并雕刻有相应内容，是石雕艺术的代表之作，也是中外文化结合的典范。

样式秀美

碧云寺金刚宝座塔采用汉白玉石浮雕技法建造，塔身刻有四方佛像，样式华丽精美，堪称最秀美的金刚宝座塔。

半拱券洞门，石梯巧妙设计

碧云寺金刚宝座塔采用半拱券洞门，使得整个建筑更显雅致；在其左右巧妙地设置了通往整个平台的石梯，增强了建筑的整体性。

最高

碧云寺金刚宝座塔是我国现存最高的金刚宝座塔，在3层高的平台上建造了3栋13层高的塔，在香山树林中高耸入云，非常壮观。

天津蓟州区独乐寺观音阁

　　观音阁是天津蓟州区独乐寺的重要景点，也是天津蓟州区独乐寺最古老的建筑之一。其建造于辽代，是一座三层木结构的楼阁。整个楼阁使用了上千根梁、柱及斗枋，且大小形状不一，有的用来衬托塑像，有的用来装饰建筑，布置得非常整齐，处理得也很协调，显示出辽代木结构建筑技术的卓越成就。

"十一面观音"

　　观音阁内的中央须弥座上，耸立着高16米的泥塑观音菩萨站像，头部直抵三层的楼顶。观音菩萨面容丰润、慈祥，两肩下垂，躯干微微前倾，仪态端庄，似动非动。观音菩萨因头上塑有10个小观音头像，故又称之为"十一面观音"。这尊观音菩萨站像虽制作于辽代，但其艺术风格类似盛唐时期的作品。

壁画

　　观音阁的四周墙壁上绘制有佛像、罗汉和供养人等形象，提升了整个建筑的美感。

斗拱样式多样

在立柱和横梁交接处，从柱顶上加的一层层探出呈弓形的承重结构为拱，拱与拱之间垫的方形木块为斗，两者合称为斗拱。观音阁的斗拱有复杂的，也有简单的，共计24种。它们使整个建筑显得既庄严凝重，又挺拔轩昂。

抗震能力强

观音阁采用28根立柱，呈里外两圈升起，然后用梁桁斗拱连接成一个整体，大大提高了整个建筑的抗震能力。它历经了多次大地震，依然巍然屹立着。

中间层为暗层

观音阁有三层楼阁，中间层特设计为暗层，从而省去了一层瓦檐，避免了拥簇之感，显得更为简单大气。在暗层处的楼阁，里外均修筑了回转平台，供人礼佛。

福建土楼

福建土楼又叫客家土楼，主要分布在福建省漳州市南靖、华安，龙岩市永定等地。它主要产生于宋元时期，其技术在明末、清代和民国时期才逐渐变得成熟，因此，这个时候的土楼比较多见。福建土楼是客家文化的象征，是中国传统民居的瑰宝，2008年被正式列入《世界遗产名录》。现存最古老的土楼就是位于永定初溪的集庆楼。

独一无二的大型民居形式

土楼是用土、木、石、竹为主要建筑材料，筑成的两层以上的房屋。每层可供几十甚至上百户人家居住，是世界上独一无二的大型民居形式。

圆形环状

集庆楼作为福建土楼的典型代表，其外观为圆形，且用城墙围成了两环，这也是福建土楼非常显著的特点。

房间多

集庆楼坐北朝南，占地2826平方米，自北而南依次为门坪、楼门、门厅、天井、内环及内外环通道、祖堂、后院等。它有4层，单底层就有53个房间，二层及以上每层都有56个房间。

封闭性强

集庆楼的底层为厨房，三层为粮仓，三层以上是卧室。它的底层和二层全部用泥土封闭，根本不留窗，这是福建土楼的另一显著特征。

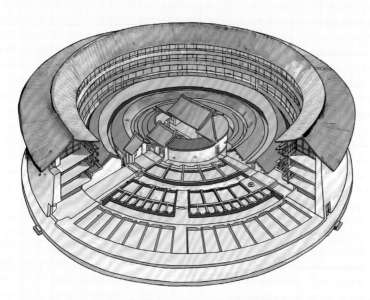

结构独特

集庆楼全楼用72个楼梯分割为72个单元，木结构全部靠榫头衔接，未曾使用一枚铁钉，堪称楼梯最多、最奇特的土楼。此楼还是很多古代电视剧的拍摄地点，如央视大戏《下南洋》等。

福建宁德楼下村民居

楼下村位于著名的"闽东延安"柏柱洋西南麓的福建福安市溪柄镇，有福建"最美乡村"之称。

大宅院

楼下村古民居均采用大宅院的建筑形式，不仅高大且采光好。大宅的四周是黄色的夯土墙，其上有四个尖角刺向天空，状如渔民捕鱼的网兜，这便是源于福建的"观音兜"建筑形式，用来祈福保佑风调雨顺。

楹联、牌匾装饰

楼下村古民居的前堂非常庄重，均用楹联和牌匾进行装饰，极具文化韵味。

独特的重檐

楼下村古民居采用独特的木质重檐形式，重檐下木块通过榫卯结构巧妙地连接，整齐排列并伸出檐外，壮丽而气势恢宏。

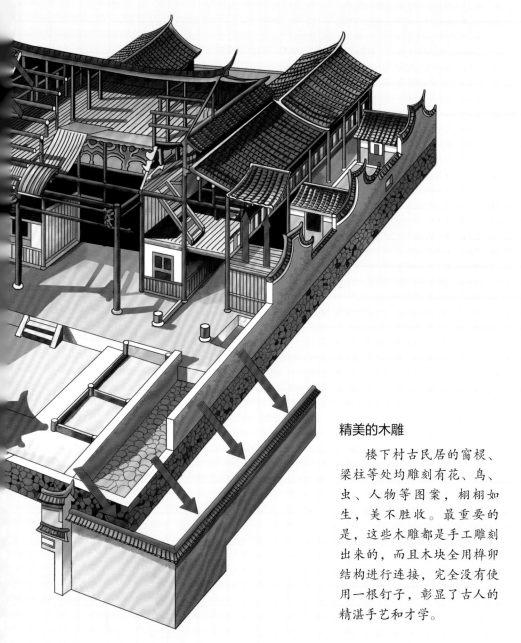

精美的木雕

楼下村古民居的窗棂、梁柱等处均雕刻有花、鸟、虫、人物等图案，栩栩如生，美不胜收。最重要的是，这些木雕都是手工雕刻出来的，而且木块全用榫卯结构进行连接，完全没有使用一根钉子，彰显了古人的精湛手艺和才学。

新疆喀什阿帕克和卓麻札

新疆喀什阿帕克和卓麻札于明代末期开始建造，它主要由墓室、礼拜殿、讲堂、清真寺等组成。其各部分自成一体，建筑风格各异，但又相互辉映，构成了一个布局合理、完整精美的建筑群。

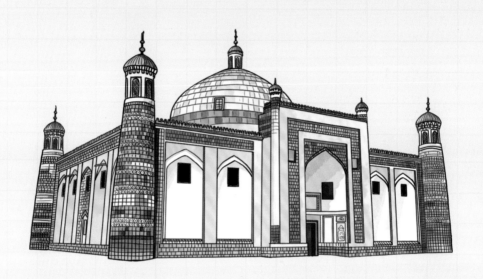

圆拱形建筑

新疆喀什阿帕克和卓麻札最大的特点是拥有一个圆拱形的主墓室。它是陵园主体，又称为拱北，为典型的阿拉伯式建筑风格。它通体主要采用苍绿色琉璃砖贴面，再加上蓝、黄等色琉璃砖点缀其上，使整个建筑看上去更为巍峨宏丽，庄严肃穆。其底部与正方形近似，上部为直径17米的巨大穹隆。穹隆下是宽敞的墓室，里面排列着阿帕克和卓家族5代72座拱形坟墓，现仅存58座。

圆柱形邦克楼

　　圆拱形的主墓室的四角各建了一座圆柱形邦克楼，即宣礼塔。内部有阶梯可供登临，是清真寺建筑的装饰艺术和标志之一。

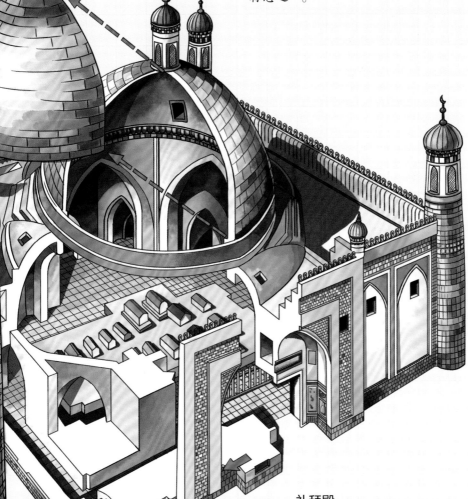

礼拜殿

　　礼拜大殿是清真寺的重要组成部分，正殿和左右侧殿间用拱形门洞相互连通起来，顶部用砖建造成了19个有轻微倾斜的圆屋顶，设计巧妙，技术精湛。

新疆吐鲁番苏公塔礼拜寺

苏公塔礼拜寺坐落于新疆吐鲁番市的葡萄乡木纳尔村，于清朝中期开始建造，是吐鲁番市最大、新疆第二大清真寺。苏公塔礼拜寺因造型新颖别致且高大的宣礼塔——苏公塔而闻名天下，引来无数游客驻足观赏。

大殿

苏公塔礼拜寺的大殿略呈方形，内部穹顶高隆，中央部位用作礼拜，气势非常宏伟。

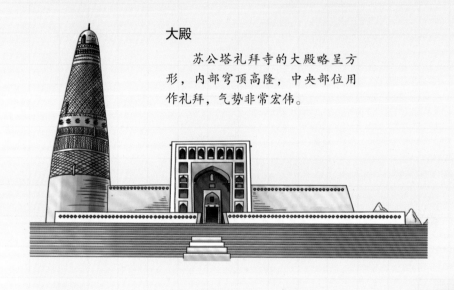

全用土坯砌造

苏公塔以及周围的建筑全部使用土坯砌造而成，用料非常经济。另外，小房间用土坯砌成圆形拱顶，犹如一个个蘑菇一样。

圆形巨塔

苏公塔耸立于礼拜寺前左角处，高为44米，塔基直径达10米，是新疆境内现存最大的古塔。它用同一式样的灰黄色砖砌成，塔身下大上小，呈圆锥形，整体简朴、明快。

巧妙设计的内部结构

苏公塔最让人叹为观止的是其内部结构。它没有用一根木料，却在塔的中心用砖砌出了72级螺旋式阶梯作为中心柱体，既代替木结构支撑加固了塔身，又可供人攀登通达塔顶，堪称伊斯兰建筑风格的艺术珍品。

精美的图案

苏公塔的另一突出特征是，塔的表面用一块块土砖砌成了十余种格调的几何图案，如波浪、菱格、团花等，这些图案循环往复排列，变化无穷，犹如一幅美丽的画卷，让人称奇。

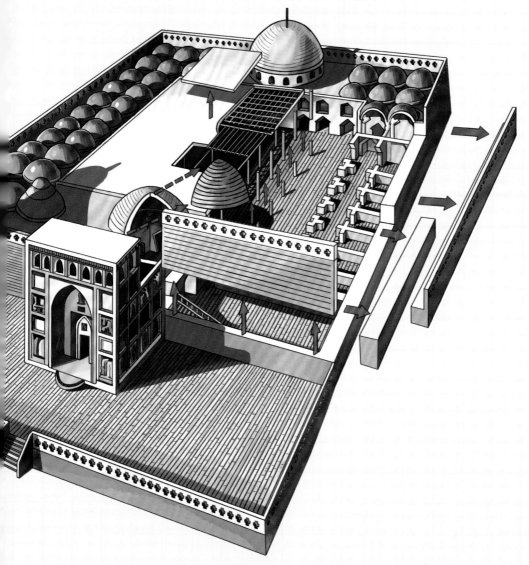